^r JOAL

DU MONT-DORÉ

DU GAZ CARBONIQUE

DANS LES AFFECTIONS NASALES

PARIS

J. RUEFF & Cie, ÉDITEURS

106, BOULEVARD SAINT-GERMAIN

—

1900

Ouvrages du même Auteur :

Essai sur les Eaux du Mont-Dore. A. Delahaye, Paris, 1875.

De l'Inhalation. A. Delahaye, Paris, 1876.

De la Pulvérisation. A. Delahaye, Paris, 1877.

Des Hémoptysiques. A. Delahaye, Paris, 1878.

Guide médical du Mont-Dore. Clermont-Ferrand, 1879.

De la Toux et de son Traitement. A. Delahaye, Paris, 1879.

Notice médicale sur la Bourboule. Clermont-Ferrand, 1879.

De la Médication Mont-Dorienne et de ses contre-indications dans le traitement des affections respiratoires. A. Delahaye, Paris, 1880.

De l'Arthritisme et de ses manifestations sur les organes de la respiration. Traitement. Asselin, Paris, 1882.

De la Laryngite syphilitique secondaire. In Rev. de Laryng. Bordeaux, 1881.

Des Lésions du larynx chez les tuberculeux. In Arch. générales de Médecine. Mai-août 1881.

Des Rapports de l'asthme et des polypes muqueux du nez. In Arch. générales de Médecine. Avril-mai 1882.

De l'Angine sèche et de sa valeur séméiologique dans la glycosurie et l'albuminurie. In Rev. mensuelle de Laryng. et d'Otol. Juin-juillet 1882.

De l'Adénopathie bronchique chez les enfants et son traitement. Asselin, Paris, 1883.

Étude sur les fluxions de la muqueuse laryngée. In Revue mensuelle de Laryngologie et d'Otologie. Mars-avril 1884.

Les Maladies des enfants au Mont-Dore. Hyperémie et inflammation de la muqueuse nasale. Catarrhe chronique du nez. Asselin, Paris, 1884.

Catarrhe naso-pharyngien. Catarrhe de l'oreille moyenne. In Arch. d'Hydrologie. Mai 1885.

Angine catarrhale chronique. Pharyngite glanduleuse.

Amygdalite chronique. In Arch. d'Hydrologie. Avril-juin-août 1886.

De l'Orchite et de l'Ovarite amygdaliennes. In Arch. générales de Médecine. Mai-juin 1886.

Le Vertige nasal. Société française de Laryngologie, 1887.

De l'Épistaxis génitale. In Rev mensuelle de Laryngologie. Février-mars 1888.

Des Céphalées de croissance. Société française de Laryngologie, 1888.

Étude étiologique sur l'œsophagisme. In Revue mensuelle de Laryngologie. Avril-mai 1889.

Sur certains phénomènes de la ménopause d'origine génito-nasale. In Congrès international de Laryngologie. Paris, 1889.

Recherches spirométriques dans les affections nasales. Revue d'Otologie et de Laryngologie. Mai-juin 1890.

Spasmes œsophagiens dus à l'hypertrophie de la quatrième amygdale. Société de Laryngologie. Mai 1890.

De l'Asthme ganglionnaire. In Archives générales de Médecine. Avril 1891.

Du Mécanisme de la respiration chez les chanteurs. Revue de Laryngologie. Avril-mai 1892.

Fièvre amygdalienne et Purpura. Société française de Laryngologie. 1892.

Hémorragies de l'amygdale linguale et Hémoptysies. Société française de Laryngologie, 1893.

Des Odeurs et de leur influence sur la voix. Revue de Laryngologie. Février-mars 1894.

Réflexes amygdaliens. Société française de Laryngologie, 1894.

Recherches pathogéniques sur le rhume des foins. Revue de Laryngologie, 1895.

Deux cas d'anosmie guérie par des douches d'acide carbonique. Société française de Laryngologie, 1895.

Congestions laryngées d'origine nasale. Revue de Laryngologie, 1896.

Aphonie d'origine olfactive. Société française de Laryngologie, 1896.

Epistaxis dues aux odeurs. Société française de Laryngologie, 1897.

Du Classement des voix. Revue de Laryngologie. Avril 1898.

Urticaire et Odeurs. Société française de Laryngologie, 1899.

DE LA RESPIRATION DANS LE CHANT

1 vol. in-18. — J. Rueff et Cⁱᵉ, éditeurs, 1894.

LE MÊME : On Respiration in Singing

Traduction de NORRIS WOLFENDEN. — Londres, F.-J. Rebmann, éditeur, 1895.

DU GAZ CARBONIQUE

DANS LES AFFECTIONS NASALES

DU GAZ CARBONIQUE

DANS LES AFFECTIONS NASALES

Par le Dr JOAL, du Mont-Dore.

Nous nous proposons dans ce travail d'attirer l'attention sur les bons résultats que nous a donnés l'emploi du gaz carbonique dans le traitement des rhinites vaso-motrices, des coryzas aigu et chronique; nous voulons mettre en valeur l'action locale de ce médicament anesthésique, vaso-constricteur, antiseptique, action comparable à celle du menthol; nous désirons montrer qu'en utilisant le *Sparklet nasal*, petit appareil construit sur nos indications, la pratique de la douche carbonique est d'une simplicité extrême.

Nous ne parlerons pas des propriétés physiques et chimiques de CO_2, de son rôle physiologique dans l'économie animale, de ses effets généraux sur les centres nerveux, et nous ne dirons que quelques mots de ses nombreuses vertus curatives, célébrées par Herpin, de Metz, dans un important ouvrage, en 1864. De ces différentes applications thérapeutiques, qui ont eu un moment de vogue, la plupart sont tombées dans l'oubli.

Contentons-nous de rappeler que, par la voie stomacale, l'acide carbonique, sous forme d'eau gazeuse ou de potion de Rivière, est administré chaque jour avec succès contre certains troubles gastriques, les vomissements, les gastralgies.

Les boissons gazeuses simples ou minérales continuent également à être prescrites avec profit dans le traitement de la gravelle; CO_2 agit en aidant à la dissolution des phosphates et à la décomposition des urates.

En bains généraux, en douches locales, l'acide carbonique est employé contre les douleurs musculaires rhumatismales, contre la névralgie intercostale, contre la sciatique.

Ingenhouss, le premier, a montré qu'appliqué à la surface des plaies, il calmait la douleur; Demarquay et Lecomte ont ajouté qu'il hâtait et favorisait la cicatrisation.

Les injections vaginales de gaz carbonique ont été préconisées : par Mojon, de Gênes, pour combattre l'aménorrhée et les douleurs internes qui précèdent l'évolution menstruelle; par Simpson, dans la névralgie du vagin et de l'utérus; par Ch. Bernard, dans les engorgements du col; par Follin et Monod, dans les cancers de la matrice. Broca a retiré de bons effets des injections vésicales chez l'homme, contre le ténesme et la dysurie liés à la cystite.

Les maladies des voies respiratoires ont été de longue date traitées par les inhalations d'acide carbonique, que déjà, au siècle dernier, Percival, puis Beddoës, conseillaient aux phtisiques pour calmer l'irritation du poumon, et faire cicatriser les ulcérations. Ces inhalations ont été aussi recommandées par Sundelin dans l'asthme sec, par Lersch dans l'asthme humide, par Eimer dans l'emphysème, par Vogel dans la bronchite catarrhale et par Spengler dans la pharyngolaryngite. Ajoutons que, dans des travaux plus récents, Campardon (1881) et E. Weill (1888) affirment avoir obtenu des résultats favorables en faisant respirer le gaz carbonique, le premier à des sujets atteints de coqueluche, le second à des tuberculeux dyspnéiques.

Nous arrivons maintenant au catarrhe chronique du nasopharynx, et désirerions sur ce point donner des renseignements bibliographiques détaillés; mais nous ne pouvons signaler que deux faits, du reste peu concluants, du Dr Villemin, de Vichy (1858), qui, par des douchages d'acide carbonique dans la gorge, a guéri des individus affectés d'une demi-surdité qui paraissait dépendre d'un état de gonflement de la muqueuse de la trompe d'Eustache.

De même pour les fosses nasales, les documents à reproduire sont en petit nombre. Herpin, de Metz, ne consacre aux maladies du nez que les lignes suivantes : « On a fait usage avec succès des douches ou des injections d'acide carbonique dans certaines affections de la membrane pituitaire; dans les cas de suppuration, il en corrige et en diminue la mauvaise odeur; il favorise la dessiccation et la guérison du mal. Introduit dans le nez, il pique et irrite vivement la muqueuse nasale, comme le fait l'ammoniaque, il provoque l'éternuement et augmente la sécrétion du mucus. »

Nous avons fait des recherches pour trouver dans les auteurs quelque trace des observations auxquelles fait allusion Herpin, et n'avons rencontré qu'un seul cas relaté par Nepple dans la *Gazette médicale* (1846). Il s'agit d'un jeune homme atteint de rhinite chronique avec production puriforme fétide et anosmie; en vingt jours, les injections nasales de gaz carbonique le débarrassèrent de l'écoulement et de la punaisie.

Hâtons-nous de dire que nous jugeons les vues d'Herpin un peu hasardées sur ce point; nous estimons, au contraire, que la médication restera le plus souvent impuissante dans les cas de suppuration nasale, surtout si celle-ci est liée à une sinusite ou à une lésion osseuse.

Le Dr Barbier, de Vichy, nous paraît se rapprocher bien plus de la réalité des faits quand il écrit, dans le *Monde thermal* (1863) : « J'ai vu les plus heureux résultats des douches carboniques dans le coryza léger subaigu, avec inflammation peu vive de la muqueuse pharyngienne, altération de la voix et bronchite subaiguë. Les effets ont été obtenus avec rapidité. »

Enfin, pour en finir avec la partie bibliographique de ce travail, rappelons qu'en 1895 nous avons lu à la Société française d'otologie et de laryngologie une note sur *Deux cas d'anosmie guérie par des douches d'acide carbonique.*

Et nous ajoutions, en terminant notre *Communication :* « Au Mont-Dore, nous mettons journellement à profit la douche nasale carbonique, et nous avons souvent pu faire disparaître des poussées vaso-motrices, enrayer la marche des coryzas aigus ; nous avons eu aussi à nous louer fréquemment des résultats obtenus chez les sujets atteints de rhinite hypertrophique, à qui nous ne pouvions conseiller les irrigations liquides. Nous croyons que l'on peut se servir avec avantage de ce gaz, en particulier dans le catarrhe chronique qui atteint la partie olfactive de la muqueuse, région sur laquelle nos moyens d'action sont bien limités, soit avec les instruments, soit avec les douches liquides. En dehors de la station, la médication peut être suivie par un procédé très simple, à l'aide d'un siphon d'eau de seltz que l'on renverse de haut en bas, et au tuyau de sortie duquel on adapte un tube en caoutchouc avec canule nasale. C'est un moyen thérapeutique peu compliqué et peu coûteux, dont nous recommandons l'emploi soit au début, soit dans le cours du rhume de cerveau vulgaire. »

Depuis cinq ans, nous avons multiplié nos essais, nous avons appliqué la méthode chez un grand nombre de malades, et les nouveaux faits observés confirment notre conviction première. Aujourd'hui, nous croyons être autorisé à soutenir que les douches de gaz carbonique méritent de prendre rang parmi les agents médicamenteux dont dispose le rhinologiste pour combattre localement les rhinites vaso-motrices de l'hay-fever, de l'hydrorrhée nasale, le coryza aigu et certains cas de rhinite chronique.

C'est sur les conseils de notre confrère et ami, M. Léon Chabory, que nous avons commencé ces études, en utilisant les gaz naturels qui se dégagent de nos sources bouillonnantes du Mont-Dore, et qui sont recueillis dans des récipients placés au fond des puits, d'où des tuyaux les conduisent à des locaux attenants. Il y avait lieu de supposer que ces gaz étaient analogues à ceux de Vichy, Saint-Alban, Saint-Nectaire, Ems, Marienbad, Nauheim, Kissingen, et qu'ils étaient en presque totalité composés d'acide carbonique. Toutefois, désirant nous appuyer sur une base scientifique, nous avons eu recours à la haute compétence de M. Parmentier, professeur à la Faculté des Sciences de Clermont-Ferrand, à qui nous sommes heureux de témoigner notre vive gratitude. Cet éminent chimiste a bien voulu (en janvier 1900) analyser les gaz de la source Madeleine, et nous a transmis les chiffres suivants :

Acide carbonique. 199
Mélange d'azote, d'argon, de cripton . .   1
Total. 200

Pas d'oxygène, pas d'hydrogène sulfuré.

Étant donné les heureux effets obtenus au Mont-Dore, nous avons alors songé à expérimenter les douches carboniques en dehors de la station, et nous sommes arrivé à des résultats semblables en pratiquant les injections soit avec un siphon d'eau de seltz renversé, soit avec un siphon dans la position ordinaire, dont on a enlevé le tube de verre intérieur, soit avec le bouchon ou partie métallique d'une bouteille à sparklets.

On peut aussi fabriquer soi-même le gaz avec l'acide tartrique et le bicarbonate de soude, les acides sulfurique ou chlorhydrique et le carbonate de chaux, en se servant d'un flacon à deux ou trois tubulures, ou bien des vases communiquants de Sainte-Claire-Deville, ou bien encore de l'instrument à bascule de l'abbé Lavaux.

De ces différents appareils, les uns ont le défaut d'être à débit continu, les autres sont trop encombrants ; nous avons renoncé à leur emploi pour adopter le suivant *(fig. 1)*, qui nous a été indiqué par notre ami le Dʳ Bardet, et que l'on peut se procurer chez Leune, 27, rue Cardinal-Lemoine, Paris.

Soit un flacon de Wolff, d'une contenance de deux litres, dont chaque tubulure est munie d'un bouchon en caoutchouc; la tubulure centrale donne passage à un grand entonnoir A, dont l'extrémité inférieure va jusqu'au fond du flacon; l'autre est traversée par un tube de dégagement, recourbé, avec robinet, et se terminant par un tuyau en caoutchouc et un embout nasal.

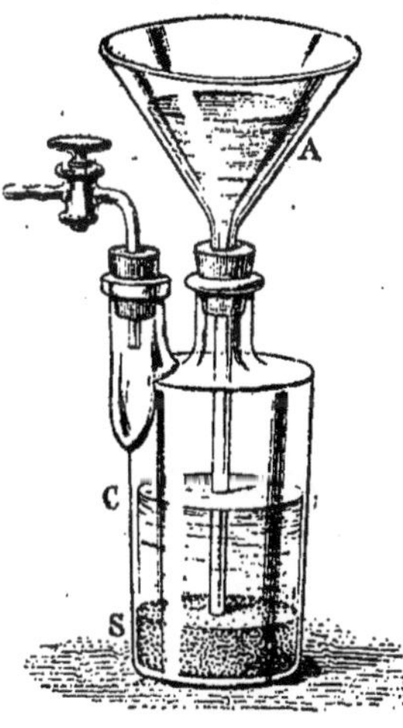

FIG. 1.

On met dans le flacon du sable de rivière ou du verre concassé jusqu'en S, et par-dessus 120 grammes de marbre blanc; dans l'entonnoir une fois en place, on verse un litre de liquide composé de 880 grammes d'eau, et le reste d'acide sulfurique monohydraté. Le marbre est attaqué, il se forme du sulfate de chaux avec production d'acide carbonique, qui sort par le tube de dégagement.

Si l'on veut suspendre l'opération, il suffit de fermer le robinet; le gaz s'accumule alors dans la partie supérieure du flacon, et fait pression sur le liquide qui, refoulé dans l'entonnoir, n'agit plus sur le carbonate.

Avec les doses énoncées de marbre et d'acide, il se développera de 20 à 25 litres d'acide carbonique, dont le prix de revient sera peu coûteux.

Cet appareil, d'un fonctionnement régulier, rendra des services dans les hôpitaux, les cliniques, où plusieurs malades pourront successivement l'utiliser; il sera également avantageux pour les médecins, les pharmaciens et toutes les personnes habituées aux manipulations chimiques.

Mais, en dehors de ces conditions, il est plus pratique d'employer le *Sparklet nasal* (*fig.* 2), qui est très portatif, d'un maniement aisé, et qui fournit 2 litres de gaz instanta-

nément, ce qui est à considérer dans les cas de rhinite vaso-
motrice et au début du coryza aigu. C'est l'appareil que nous
recommandons toujours aux dames et aux enfants.

Il est d'une grande simplicité et se compose du chapeau
métallique des bouteilles à sparklets, d'un tube en caoutchouc qui aboutit à un sac en toile caoutchouté, et, enfin,
d'un second tube avec canule à robinet et ouverture
filiforme.

Pour se servir de l'instrument, il suffit, le robinet étant

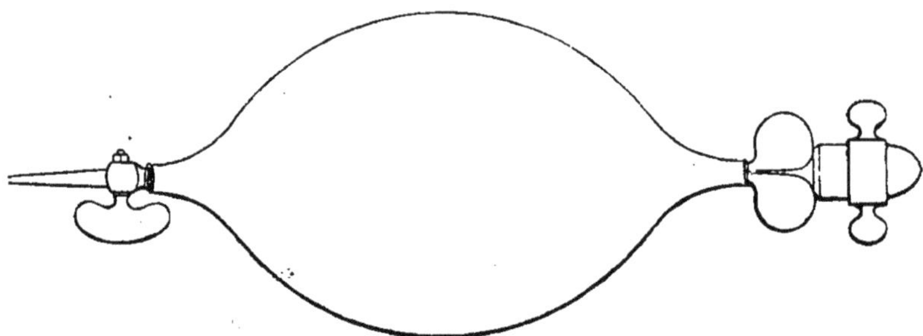

Fig. 2. — Sparklet nasal.

fermé, le sac étant aplati, de dévisser le chapeau à oreilles, de
placer un sparklet dans la cavité qui se présente, et de
revisser rapidement le chapeau. Le gaz se produit et s'emma-
gasine dans le sac.

On introduit alors la canule dans une narine, en ouvrant
plus ou moins le robinet, puis en pressant plus ou moins sur
le sac avec la main, suivant le degré de sensibilité de la
muqueuse nasale; enfin, à la fin de l'opération, on roule le
sac sur lui-même afin d'en vider tout le contenu. Il faut
alors enlever du chapeau le sparklet perforé.

Pour éviter les pertes de gaz, avoir soin de fermer le
robinet chaque fois que l'on retire la canule des fosses
nasales.

Nous attirons l'attention sur le petit calibre de la canule

qui n'obture pas les narines, et sur son orifice capillaire ;
cette disposition permet l'arrivée d'un mince filet de gaz dans
les fosses nasales où il se mélange à une certaine quantité
d'air inspiré. Nous administrons ainsi l'acide carbonique
à faibles doses surtout au début, et évitons de la sorte les
sensations douloureuses, les phénomènes de réaction accentuée qui se manifestent lorsque le gaz est introduit à doses
massives, par fortes bouffées ; nous imaginons que, dans bien
des cas, c'est par suite de cette méthode intensive, défec-
tueuse, que l'on a abandonné l'emploi de la médication.

II

Mis en contact avec la muqueuse nasale, l'acide carbonique
détermine des picotements et une impression pénible assez
désagréable même, mais qui ne va pas jusqu'à être douloureuse chez la plupart des sujets, et qui le plus ordinairement
reste tolérable même pour des fillettes. De toute façon, ces
inconvénients n'ont rien de comparable avec le supplice et les
horreurs des premières irrigations liquides dans le nez.

Du larmoiement et des éternuements ne tardent pas à se
manifester ; en même temps, on éprouve de la sécheresse, de
la chaleur dans les conduits nasaux à l'état physiologique, et,
au contraire, de la fraîcheur, si l'on est sous le coup d'un
coryza aigu ou d'une poussée vaso-motrice. Et, enfin, surviennent à des degrés divers de la gêne respiratoire, de l'enchifrènement, de l'obstruction nasale, avec écoulement plus ou
moins abondant. A ce moment-là, il est d'ordinaire possible
d'augmenter la force du jet gazeux, la susceptibilité sensitive
de la membrane pituitaire est déjà émoussée.

La douche carbonique achevée, quelques minutes après, ou
même quelquefois dans les temps d'arrêt un peu prolongés,
les phénomènes de réaction s'apaisent, l'enchifrènement et
l'écoulement du mucus disparaissent ou s'atténuent, la respi-

ration nasale devient plus facile, la perméabilité des conduits est plus grande.

Si, maintenant, par l'examen rhinoscopique, nous étudions les symptômes objectifs, nous voyons au début la muqueuse s'injecter, se tuméfier et se recouvrir d'un liquide peu épais, presque aqueux; à l'état pathologique, les hypertrophies molles et blanchâtres durcissent et rougissent légèrement; il semble aussi qu'alors l'hyperexcitabilité de la pituitaire est plus marquée.

Mais ces phénomènes d'irritation n'ont pas de durée, et bientôt leur succèdent la décoloration de la muqueuse, l'affaissement, la rétraction du tissu caverneux et l'élargissement des espaces compris entre les cornets, la cloison et le plancher des fosses nasales.

De plus, on constate alors un certain degré d'anesthésie locale, plus ou moins prononcée suivant les individus, sans que jamais il y ait cependant analgésie véritable, comme avec la cocaïne, et, sous ce rapport, nous n'entendons établir aucun parallèle entre cette substance et le gaz carbonique. Cette diminution de la sensibilité est rendue manifeste par les attouchements avec la brosse, par le contact avec la sonde de points hyperesthésiés, par la suppression momentanée de certains réflexes (éternuements, larmoiement, toux, névralgie frontale) et aussi par l'atténuation de la douleur à l'action des corps irritants et caustiques.

En somme, l'acide carbonique commence par donner lieu à une excitation passagère des filets nerveux du maxillaire supérieur qui se terminent dans la pituitaire; d'où dilatation vasomotrice des vaisseaux, distension sanguine du tissu érectile, hypersécrétion glandulaire. Ensuite, l'activité des fibres nerveuses s'émousse et s'épuise; perte partielle de la sensibilité locale et reserrement des vaisseaux, c'est-à-dire effets vasoconstricteurs et anesthésiques.

Du reste, ces propriétés anesthésiantes du gaz carbonique n'ont rien de spécial à la membrane nasale. Brown-Séquard a montré expérimentalement « que, si l'on fait arriver pendant quelques minutes un courant rapide d'acide carbonique dans la bouche, on peut produire une anesthésie complète du larynx et, si le jet du gaz est suffisant, une anesthésie générale. L'effet anesthésique manque si le jet arrive sur la glotte après section des nerfs laryngés supérieurs; il ne se produit que d'un seul côté du corps si un seul des nerfs a été sectionné. Il s'agit donc d'une action inhibitrice, indépendante de toute action générale produite par l'action topique du gaz sur les extrémités du nerf laryngé supérieur, et effectuée par l'intermédiaire de ce nerf. »

Mais déjà, avant Brown-Séquard, les vertus anesthésiques de l'acide carbonique sur la muqueuse respiratoire étaient connues des praticiens, et, dès 1858, Simpson publiait dans le *British medical* un travail où, se basant sur de nombreux succès dans l'asthme et la toux nerveuse, il comparait le gaz aux fumigations de datura, aux vapeurs de chloroforme.

Le même Simpson, puis, en France, Follin, Maisonneuve, Demarquay, Monod se sont adressés aux douches carboniques pour calmer les douleurs occasionnées par la névralgie, l'inflammation, le cancer de l'utérus, et tous n'ont eu qu'à se féliciter de la médication.

M. Le Juge de Segrais, dans une thèse sur le traitement des affections utérines (1858), résume ainsi, du reste, l'opinion de ses maîtres : « Les effets anesthésiques du gaz carbonique ont toujours été promptement obtenus dans tous les cas où nous l'avons vu employer. »

Et Herpin, qui s'étend longuement sur le sujet, s'exprime ainsi : « Les faits nombreux et authentiques que nous venons de rapporter établissent d'une manière authentique les propriétés analgésiques de l'acide carbonique, c'est-à-dire qu'il diminue, apaise ou suspend les douleurs, et que l'emploi de cet agent est de la plus haute utilité pour épargner aux malades des souffrances atroces. »

Nous ne saurions même manquer de rappeler que, dès les

les temps les plus reculés, le gaz carbonique a été utilisé comme anesthésique : Hippocrate, Galien, Paul d'Égine prescrivaient la fumée des plantes en combustion pour diminuer et calmer les douleurs utérines, et Pline le Naturaliste nous apprend que « la poudre d'un marbre d'Égypte, mélangée à du vinaigre, endort tellement les parties sur lesquelles on l'applique, que l'on peut couper et cautériser sans que le malade éprouve aucune souffrance ».

En ce qui concerne les phénomènes vaso-constricteurs, nous n'avons pas autant de références scientifiques à fournir. En dehors de Mojon et de Bernard, qui signalent les effets décongestifs et résolutifs des douches gazeuses, la plupart des auteurs leur attribuent une action stimulante et excitante sur le système vasculaire. Est-ce peut-être parce que la médication a été alors administrée dans sa forme intensive?

Quoi qu'il en soit, voici quelques faits sur lesquels vient s'appuyer l'opinion que nous défendons :

OBSERVATION I. — A..., pharmacien, âgé de quarante-deux ans, jouit d'une excellente santé, mais il a par hiver deux ou trois rhumes de cerveau assez violents, que, sur notre conseil, il combat par les douches carboniques ; le gaz est préparé avec le bicarbonate de soude et l'acide tartrique, puis recueilli dans un ballon à oxygène ; un tube de verre effilé tient lieu de canule nasale. Ce malade ne peut manipuler la poudre d'ipéca sans être aussitôt pris d'éternuements, larmoiement, écoulement et migraine.

En janvier 1899, il veut bien se prêter à l'expérience suivante : le nez ayant été préalablement examiné et ne présentant qu'un léger gonflement du cornet inférieur droit, il s'administre sous nos yeux une douche carbonique ; au premier contact, quelques éternuements sont déterminés par le gaz dirigé alternativement dans les deux narines, par intervalles d'environ trente secondes. Au bout de quatre minutes, temps d'arrêt ; enchifrènement, besoin de se moucher, sécrétion aqueuse, injection et gonflement peu marqués de la pituitaire. La douche est continuée pendant six minutes. Au bout de quatre minutes, plus de coloration de la muqueuse, plus de gonflement, la respiration par le nez est libre. Alors le sujet débouche un flacon d'ipéca, répand la poudre sur du papier et la divise en petits paquets sans en ressentir aucun inconvénient.

Obs. II. — B..., âgé de trente-six ans, contrôleur de théâtre, est très vigoureux et serait un fervent de la bicyclette si la poussière des routes ne lui occasionnait des éternuements paroxystiques, un flux nasal abondant et une pesanteur presque douloureuse dans la mâchoire inférieure avec salivation très exagérée. Rien d'anormal dans le nez. Nous lui conseillons des douches carboniques à l'aide du siphon d'eau de seltz renversé et une canule en verre à orifice rétréci, après nous être assuré d'abord, par l'insufflation de poudre de talc, que les poussières étaient bien le facteur étiologique des accidents.

En avril 1898, nous faisons prendre à B... une douche de gaz recueilli dans un ballon, comme dans le cas précédent, pendant dix minutes. Les phénomènes de réaction paraissent au bout de deux minutes; à la fin de l'opération, tout était rentré dans l'ordre; la perméabilité des fosses nasales était parfaite, ni coloration ni tuméfaction de la muqueuse. Quatre minutes après, avec un insufflateur, nous répandons de la poudre de talc autour des narines du malade, qui n'est nullement incommodé.

Obs. III. — Un de nos amis, professeur de chant, nous envoie, en mars 1897, un de ses élèves, jeune ténor, qui perd la voix, et dont, depuis plus de trois mois, sans aucun résultat, on cautérise le larynx avec des solutions au chlorure de zinc et au nitrate d'argent. Le malade a une toux sèche et maigrit. A l'examen laryngoscopique, deux petits nodules en formation et cordes vocales grisâtres. Rhinite hypertrophique, surtout à gauche, où la muqueuse du cornet inférieur est presque en contact avec une petite saillie de la cloison; nous touchons cet éperon avec la sonde, et presque aussitôt se manifeste une toux sèche et répétée, que nous devons calmer par une application locale de cocaïne. Nous prescrivons des irrigations liquides, qui ne sont pas tolérées, puis des douches carboniques avec le siphon d'eau de seltz.

Huit jours après, nous provoquons d'abord la toux au moyen de la sonde, puis douche carbonique de sept minutes dans la fosse nasale gauche; les symptômes d'excitation sont peu marqués. Quatre minutes après la douche, réduction notable des cornets, et l'emploi de la sonde ne produit pas la toux.

Obs. IV. — Mme D..., la femme d'un confrère, à la suite de la grippe, se plaint depuis plus d'un mois de toux sèche, d'obstruction nasale, surtout la nuit, besoin fréquent de se moucher. Rien dans la poitrine, le larynx; la gorge est un peu rouge; la muqueuse nasale est colorée et tuméfiée, surtout à gauche, au niveau du cornet inférieur, à sa partie moyenne, où siègent des mucosités; nous voulons les enlever à l'aide du porte-ouate, et amenons des éternuements, du larmoiement, de l'hypersécrétion et des quintes de toux. Nous conseillons des douches carboniques avec la bouteille à sparklets (nouveau modèle).

Six jours après (janvier 1900), atténuation notable des symptômes nasaux, diminution parallèle de la toux que nous provoquons cependant encore avec le porte-ouate; douche carbonique à gauche avec quatre litres de gaz; et, après la séance, décoloration et affaissement de la muqueuse qui reste insensible au frottement du porte-coton.

Obs. V. — E..., jeune Belge de vingt-deux ans, est effecté de coryza vaso-moteur, les crises surviennent aussi bien l'hiver que l'été sous l'influence des parfums de toilette. Nous voyons le malade en juillet 1899, et ne constatons dans le nez qu'un peu de gonflement des cornets inférieurs, mais par l'odeur d'un bouquet à l'héliotrope pulvérisé, nous déterminons une poussée vaso-motrice vite enrayée par la cocaïne.

Douches de gaz carbonique, séances quotidiennes de trois, six, dix minutes à la source Madeleine; le seizième jour de la cure, nous examinons les fosses nasales quelques minutes après la douche; le gonflement de la muqueuse a disparu, et les pulvérisation à l'héliotrope restent sans effet.

Obs. VI. — Mme F..., âgée de trente-huit ans, vient au Mont-Dore en août 1898 pour soigner une laryngite chronique. Au rhinoscope, symptômes hypertrophiques, généralisés surtout à droite, où le cornet moyen est, dans sa partie médiale, accolé au cornet inférieur; nous apercevons à ce niveau un petit polype et avec le stylet essayons de déterminer son point d'implantation; mais bientôt éternuements, larmoiement, commencement de dyspnée.

Douches d'acide carbonique chaque jour à la source Madeleine; vers la fin du traitement thermal, quelques minutes après une séance de près d'un quart d'heure, les corps caverneux étant manifestement réduits, nous pouvons, avec le stylet, procéder à l'exploration du méat moyen, remuer le polype sans donner lieu à aucun réflexe.

Obs. VII. — M. G..., Brésilien, âgé de cinquante-deux ans, est atteint de rhinite hypertrophique molle, plus prononcée à gauche; nous le voyons au Mont-Dore, en août 1896, et le soumettons à l'usage des douches de gaz carbonique, les irrigations liquides

ayant été refusées. Le malade nous demande ensuite des cautérisations ignées ; mais, comme il a une peur horrible de la cocaïne, qui
lui a précédemment occasionné des accidents, la première application de galvano, faite sans anesthésie, est très douloureuse ; quatre
autres cautérisations, pratiquées quelques minutes après les
injections gazeuses, sont bien tolérées.

Obs. VIII. — M. H..., cultivateur, âgé de cinquante-sept ans, est
affecté de bronchite emphysémateuse, sans accès d'asthme ; il
présente aussi de la rhinite hypertrophique à forme polypoïde,
circonscrite à la partie antérieure du cornet moyen droit. Nous le
cautérisons quatre fois avec l'acide trichloracétique ; deux cautérisations sans anesthésie locale le font beaucoup souffrir ; deux autres,
intercalées et pratiquées aussitôt après des douches carboniques,
sont peu douloureuses (août 1899).

Ces quelques cas nous paraissent assez concluants pour
bien faire saisir le mode d'action physiologique de l'acide
carbonique, pour entraîner la conviction sur ses effets vaso-
constricteurs et anesthésiques, et nous conduire ainsi à l'étude
de ses propriétés thérapeutiques, dont nous allons maintenant
nous occuper.

III

C'est surtout dans le traitement de la rhinite hyperesthésique que les douches gazeuses nous ont donné de bons
résultats, et, contrairement à l'opinion de Lermoyez, nous
considérons l'hay-fever et l'hydrorrhée comme de simples
variétés de la rhinite hyperesthésique. Nous pensons, en
effet, que dans les deux formes il s'agit de faits absolument
semblables, évoluant sur le même terrain constitutionnel,
liés aux mêmes conditions génésiques de la muqueuse nasale
et des centres nerveux ; si leur apparition est souvent pério-
dique, c'est parce que les causes occasionnelles interviennent
avec la même périodicité.

Dans un précédent travail (Recherches pathogéniques sur

le rhume des foins, 1895), noùs avons défendu des idées que
nous avons eu la grande satisfaction de voir accepter par
Garel dans son remarquable ouvrage couronné par l'Académie de médecine (1899). Nous avons soutenu que la
maladie avait pour trépied étiologique l'arthritisme, la neu-
rasthénie et l'hyperexcitabilité nasale ; nous avons montré
qu'au moment des accès il se produisait toujours de l'injection de la muqueuse et de la turgescence du tissu érectile,
que les accidents paroxystiques pouvaient se développer chez
des sujets ne présentant aucune lésion apparente des fosses
nasales ; enfin, nous insistions sur un signe fonctionnel de
première valeur, l'hyperesthésie de la muqueuse que nous
avions rencontrée 70 fois sur 116 cas, proportion assez forte,
si l'on songe que les points hyperesthésiés sont, en outre,
susceptibles d'avoir pour siège des partics du nez où il est
bien difficile sinon impossible de les découvrir.

De ces notions pathogéniques, il découle que, lorsque les
poussées vaso-motrices surviennent, lorsque l'hyperexcitabilité nasale est mise en jeu, il faut, avant tout, s'abstenir de
toute pratique locale irritante, irrigations liquides, vapeurs
d'ammoniaque, d'acide phénique, et avoir recours aussitôt à
une médication vaso-constrictive et anesthésique. Parmi les
agents médicamenteux de cette catégorie, la cocaïne et le
menthol sont assurément ceux qui sont le plus communé-
ment prescrits. Mais les inconvénients de la cocaïne sont
aujourd'hui bien connus ; chacun sait avec quelle facilité les
malades arrivent à faire abus de cette substance ; nul n'ignore
à quelles graves altérations de la santé s'exposent les cocaïno-
manes ; aussi nous recommandons de préférence aux patients
l'huile de vaseline mentholée, ou une poudre au menthol,
préparations moins énergiques, mais n'offrant pas les mêmes
dangers.

Toutefois, il faut bien le dire, tout en rendant d'incontes-
tables services dans bien des cas, le menthol reste sans effets
chez certains sujets, et chez d'autres trop irritables, pituitai-

rement parlant, il est même nuisible : au lieu de procurer du soulagement, il accentue les phénomènes locaux et peut, en plus, provoquer des réflexes, migraine, névralgie sus-orbitaire, accès d'asthme, comme nous l'avons plusieurs fois observé ; c'est probablement alors l'odeur du menthol qui impressionne trop vivement les filets du nerf olfactif ; en pareille circonstance, il sera précieux d'avoir à sa disposition un autre moyen thérapeutique qui ait fait ses preuves.

Depuis plusieurs années que nous employons systémati-quement la douche gazeuse dans le traitement local de la rhinite hyperesthésique, nous avons eu au Mont-Dore de fréquentes occasions de la mettre à contribution, au début ou dans le cours des crises paroxystiques, et bien souvent nous avons réussi à enrayer la marche ou à diminuer l'inten-sité des accidents. Mais, nous ne saurions trop le répéter, il faut avoir la main légère, bien se garder des doses massives et ne laisser pénétrer le gaz dans les narines que sous faible pression et en mince filet.

A maintes reprises, nous avons fait avorter des coryzas vaso-moteurs avec une douche de quatre à cinq minutes de durée, administrée à l'apparition des premiers symptômes, et plusieurs de nos malades ont pris l'habitude de se rendre à la fontaine Madeleine aussitôt que se manifestent la séche-resse des fosses nasales, les éternuements, l'enchifrènement ; ils savent par expérience qu'ils auront ainsi vite raison des phénomènes congestifs.

De tels résultats ont pour conséquence, chez certains sujets, d'empêcher le développement des accès d'asthme qui accompagnent les poussées nasales. Voici, à ce propos, deux cas bien instructifs, le premier nous a été communiqué par notre ami, le Dr Valmont.

Obs. IX. — Mme X..., jeune femme nerveuse, rhumatisante, est atteinte depuis quelques années de rhinite hyperesthésique à forme hydrorrhéique, avec crises d'oppression assez violentes, et éruption de plaques d'urticaire sur la peau. Différents traitements ont été

essayés sans amener d'amélioration bien marquée. La saison
dernière, au Mont-Dore, nous conseillâmes des douches gazeuses
qui ont été continuées cet hiver à l'aide des sparklets, et nous avons
sous les yeux une lettre où cette dame écrit : « Me voici fin mars
sans avoir eu un seul accès d'asthme, et cependant je n'ai rien fait
d'autre que la douche carbonique ; à chaque poussée congestive qui
se traduit toujours par le besoin immédiat de mouiller plusieurs
mouchoirs, je prends un sparklet, j'éprouve une sensation de
chaleur après de désagréables picotements qui m'angoissent un
peu, je suis obligée de me moucher plusieurs fois, des gouttes de
liquide me tombent dans l'arrière-gorge, puis, peu à peu, mon nez
se sèche, ma respiration redevient normale, jusqu'à la crise
suivante quelques jours après. »

OBS. X. — M. X..., industriel, est un homme de trente-cinq ans,
fils de goutteux, névropathe accompli, qui a eu le rhume des foins
dans sa jeunesse ; il ne pouvait alors aller à la campagne à l'époque de
la floraison. L'affection avait complètement disparu, lorsqu'en 1894
il se marie et va habiter une ville manufacturière et assez humide.
Depuis lors, surtout l'hiver, par les temps de brouillards, il est
fréquemment pris d'obstruction nasale avec rhinorrhée et éternuements spasmodiques ; les crises durent parfois plusieurs jours et se
compliquent d'oppression pendant la nuit, et d'une sorte d'anéan-
tissement moral et physique. Seule la cocaïne, qui a été depuis
supprimée, soulageait au début le malade ; les cautérisations
nasales au galvano, le menthol et la potion atropo-strychnée de
Lermoyez sont restés sans bénéfice appréciable. Le malade vient
au Mont-Dore en 1898, et nous le soumettons aux douches gazeuses,
en lui recommandant de les continuer chez lui pendant l'hiver.
Nous revoyons X... en 1899, et il nous dit qu'il n'a pas eu un seul
accès d'asthme de toute l'année, que ses rhumes de cerveau ont
toujours été coupés par l'acide carbonique. Au moment de ses
poussées nasales, moins fréquentes, moins longues, il faisait
jusqu'à quatre et cinq douches de quatre litres par jour, et, dans
les périodes de calme, il a pratiqué l'opération, matin et soir, du
15 octobre au 15 mai. Le gaz était préparé au laboratoire de l'usine
avec l'acide tartrique et le bicarbonate de soude, et emmagasiné
dans des sacs en toile imperméable.

Si l'on ne peut intervenir assez à temps pour faire avorter
le coryza vaso-moteur, il est néanmoins profitable encore de

faire usage de l'acide carbonique, qui atténue l'acuité des symptômes, diminue la sécrétion aqueuse, l'obstruction nasale, calme la douleur de tête et hâte le dénouement de l'épisode fluxionnaire.

L'emploi régulier, quotidien ou bi-quotidien, de la douche gazeuse dans la rhinite hyperesthésique, est-il susceptible d'avoir quelque action contre le retour des paroxysmes? C'est là une question à laquelle nous ne sommes pas en mesure de répondre nettement, bien que nous ayons, chez quelques sujets, observé une décroissance dans la fréquence et l'intensité des accès. Mais nous n'avons aucune répugnance à admettre que le gaz puisse, à la longue, modifier la sensibilité, abaisser l'hyperexcitabilité de la pituitaire, qui alors ne se laisse plus impressionner par les agents extérieurs.

Maintenant, pour satisfaire ceux de nos confrères qui, dans la pathogénie du rhume des foins, font jouer un rôle aux microorganismes, disons quelques mots des propriétés anti-septiques de l'acide carbonique, dont on tire actuellement parti dans l'industrie pour la conservation des bières, des grains, de la viande.

Dès 1772, Percival, sur les conseils de Priestley, essayait avec succès l'air fixe contre le cancer et les ulcérations sordides; en 1778, les membres de l'Académie de Dijon et, en 1785, Mathieu Dobson, signalaient aussi ses bons effets contre les affections ayant une tendance vers la dégénérescence putride ou gangréneuse.

Graefe écrit (1842) que les cataplasmes carbonés maintiennent les plaies en bou état, déterminent la séparation des parties mortifiées ou en suppuration, et enlèvent l'odeur empestée qui infecte la chambre des malades; il a employé avec profit ces cataplasmes contre la pourriture d'hôpital et la gangrène des vieillards.

Mac Bride dit que les mélanges fermentants et effervescents sont les plus puissants de tous les antiseptiques connus.

Demarquay a également constaté que, sous l'influence

du gaz carbonique, des plaies répandant une odeur infecte, avec écoulement très abondant d'ichor putride, ont pris un meilleur aspect, se sont détergées, et que les malades sont revenus à un état de santé beaucoup plus satisfaisant.

Lecomte a insisté sur l'action désinfectante de l'acide carbonique, et la préfère de beaucoup à celle du coaltar.

Enfin, Herpin résume ainsi son opinion : « L'un des effets les plus constants et les plus précieux du gaz carbonique, c'est d'enlever la mauvaise odeur des plaies, de les désinfecter, de les nettoyer, et d'améliorer la nature de la suppuration. »

Donc le pouvoir bactéricide de l'acide carbonique ne peut être mis en doute, et les heureuses applications des douches gazeuses dans le rhume des foins fourniront peut-être un nouvel argument à ceux qui, à l'exemple d'Helmotz, de Salsbury, Patton, Ruault, font dépendre l'affection d'éléments microbiens comme le *ciliaris asthmaticus*.

Nous avons déclaré ailleurs que nous ne pouvions accepter pareille doctrine, que nous refusions de reconnaître la nature parasitaire ou infectieuse de la maladie; nous disions que cette théorie était contraire aux notions bien acquises sur le caractère héréditaire de l'hay-fever et aux faits expérimentaux de poussées vaso-motrices provoquées par des excitations lumineuses ou odorantes; nous faisions remarquer que la rencontre de certains microorganismes dans le mucus nasal n'avait pas une grande importance, puisque, dans les sécrétions du nez et de la bouche, on trouve, chez l'homme en pleine santé, quantité de microbes pathogènes. Aussi, dans le traitement de la rhinite hyperesthésique, ne tenons-nous aucun compte des propriétés antiseptiques de l'acide carbonique.

Il n'en est pas de même dans le coryza ordinaire, dans le rhume de cerveau vulgaire, dont la contagiosité est bien des fois de toute évidence, et nous sommes porté à croire que la puissance bactéricide du gaz peut supprimer la nocuité des agents infectieux qui ont pénétré dans les fosses nasales. Nous avons observé plusieurs faits où l'influence prophylactique de la douche gazeuse nous a paru manifeste; bornons-nous à citer le suivant :

Obs. XI. — X..., âgé de quarante-huit ans, arthritique et nerveux, est sujet à de fréquents coryzas qui sont en général assez tenaces et se compliquent souvent de laryngo-bronchites; il a été enroué, a toussé et expectoré pendant la plus grande partie de l'hiver dernier. Il vient au Mont-Dore en juillet 1899, et nous ne constatons que de la rhinite chronique sans hypertrophie et un peu d'emphysème pulmonaire. L'irrigation nasale étant mal supportée, nous la remplaçons par des douches carboniques, et à la fin de la cure lui conseillons d'en continuer l'emploi à l'aide des sparklets au début de ses rhumes de cerveau. X... s'aperçoit vite que ce moyen lui réussit, il en arrive à faire régulièrement matin et soir une douche gazeuse, et on rit un peu autour de lui de cet excès de précaution. Toujours est-il que, fin novembre, sa femme, sa mère, ses deux fils, sa fillette, une femme de chambre et la cuisinière sont pris de coryza les uns après les autres, lui seul est épargné.

A la période initiale du rhume de cerveau, l'acide carbonique doit figurer au premier rang des procédés abortifs en usage; nous ne comptons plus les cas où une ou deux douches gazeuses ont suffi pour enrayer la marche des accidents. Que de fois nous avons pu localiser les phénomènes inflammatoires à un seul côté du nez et empêcher leur propagation au naso-pharynx et à l'autre fosse nasale ! De même, dans un fait qui nous touche de très près, nous avons eu de fréquentes occasions de limiter à l'arrière-gorge des poussées hyperémiques survenant chez un vieux fumeur à la suite de froid aux pieds, et qui précédemment ne manquait jamais d'envahir les fosses nasales en donnant lieu à un écoulement abondant, à de violentes douleurs de tête et à des névralgies dans la région dentaire supérieure.

Plus tard, à une période éloignée du début, alors qu'il n'est plus possible de couper le coryza, le gaz carbonique est encore prescrit avec avantage, il diminue l'intensité des symptômes objectifs et subjectifs, et, en plus, hâte la résolution du processus inflammatoire.

Dans la rhinite chronique, la douche gazeuse nous a aussi rendu des services, mais ici son emploi doit être relégué au deuxième plan. Sans parler des cautérisations chimique ou galvanique qui constituent la méthode la plus active, nous donnons la préférence aux irrigations liquides que, dans ces dernières années, on a accusées de bien des méfaits, avec un peu d'exagération peut-être, surtout en ce qui concerne les complications auriculaires. Rappelons, à ce propos, que, pour le Congrès de l'Exposition universelle de 1889, nous préparions un travail basé sur ce fait que, sur plus de deux mille malades à qui nous avions administré des irrigations liquides au Mont-Dore, nous n'avions observé aucun accident du côté de l'oreille... Nous allions prendre la plume pour rédiger cette communication, lorsqu'en août de cette même année, deux malades furent atteints à quelques jours d'intervalle d'otite moyenne. Nous renonçâmes à notre publication, et depuis lors, c'est-à-dire pendant dix ans, nous avons prescrit une quantité aussi forte de douches nasales sans jamais rencontrer un seul cas de pénétration du liquide dans l'oreille moyenne. Il est vrai que nous examinons toujours au préalable les fosses nasales et le naso-pharynx, et que nous donnons des instructions détaillées au malade; en outre, nous avons renoncé à cette pratique chez les jeunes sujets.

Nous considérons donc les complications auriculaires presque comme l'exception; mais, par contre, l'irrigation liquide donne lieu parfois à des douleurs de tête assez violentes, à des vertiges; souvent chez les personnes affectées de rhinite hypertrophique, elle provoque des poussées paroxystiques, injection et tuméfaction de la pituitaire, érection du tissu caverneux, obstruction nasale, éternuements répétés, écoulement abondant, avec accidents réflexes variables. Chez les asthmatiques, par exemple, il faut agir avec beaucoup de prudence; il est à notre connaissance que maintes fois des crises d'oppression ont eu pour point de départ l'administration intempestive d'une douche nasale. Enfin, il est des gens qui, par maladresse ou pusillanimité sont tout à fait réfractaires à l'usage de ce procédé. C'est dans des cas de ce genre que l'on pourra s'adresser à l'acide carbonique, qui, à différentes reprises, nous a donné de bons résultats, dans la rhinite chronique simple, dans la rhinite hypertrophique diffuse peu accentuée. Nous avons vu au Mont-Dore des malades qui nous revenaient à un an d'intervalle avec une amélioration notable, sans avoir suivi pendant l'hiver d'autre médication que la douche gazeuse. Est-ce à une action primitive et résolutive du gaz, ou bien à des effets secondaires tenant à la disparition, à l'atténuation des manifestations aiguës qui entretenaient la rhinite chronique, que l'on doit attribuer cette amélioration? Nous l'ignorons et nous contentons de signaler le fait.

Certains enfants, porteurs de végétations adénoïdes et que les parents ou les médecins traitants ne veulent laisser opérer, sont également tributaires de l'acide carbonique; l'emploi régulier des injections gazeuses combat efficacement les adénoïdites aiguës et s'oppose au retour des poussées.

Nous dirons, pour terminer, que, depuis 1895, nous avons observé un nouveau cas d'anosmie guérie par la méthode que nous avons préconisée.

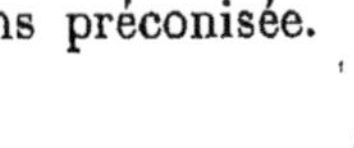